地球不能没有动物

地球不能没有企鹅

林育真 / 著

山东教育出版社

U0364844

一摇一摆出场啦

　　企鹅好像穿着燕尾服，一副绅士派头地向我们走来了。它们的腿脚长在身体后部，腿又非常短，走起路来一摇一摆的。野生南极企鹅常常喜欢站在海岸边伸头远眺，好像在企盼看到什么，因此得名"企鹅"。

大家好，我们是漂亮又帅气的企鹅家族！快来和我们一起"摇摆"吧！

家族与分布

地球上现存 18 种企鹅，几乎全部生活在南半球。需要注意的是，并不是所有的企鹅都不惧怕寒冷，可以生活在冰天雪地的南极地带。在企鹅家族中，有一部分成员生活在温带海岸附近，有的甚至生活在赤道附近的海岛上。

地图中画斜线的部分表示企鹅在地球上的分布区域。南极洲及其附近地区是企鹅的分布中心，在那里生活着帝企鹅和王企鹅等多种寒带企鹅。分布在南美洲西海岸的麦哲伦企鹅和洪堡企鹅等属于温带企鹅，而生活在赤道附近的加拉帕戈斯企鹅则属于热带企鹅。

北美洲

欧 洲

大

非

西

洲

洋

印 度

非洲企鹅

阿德利企鹅

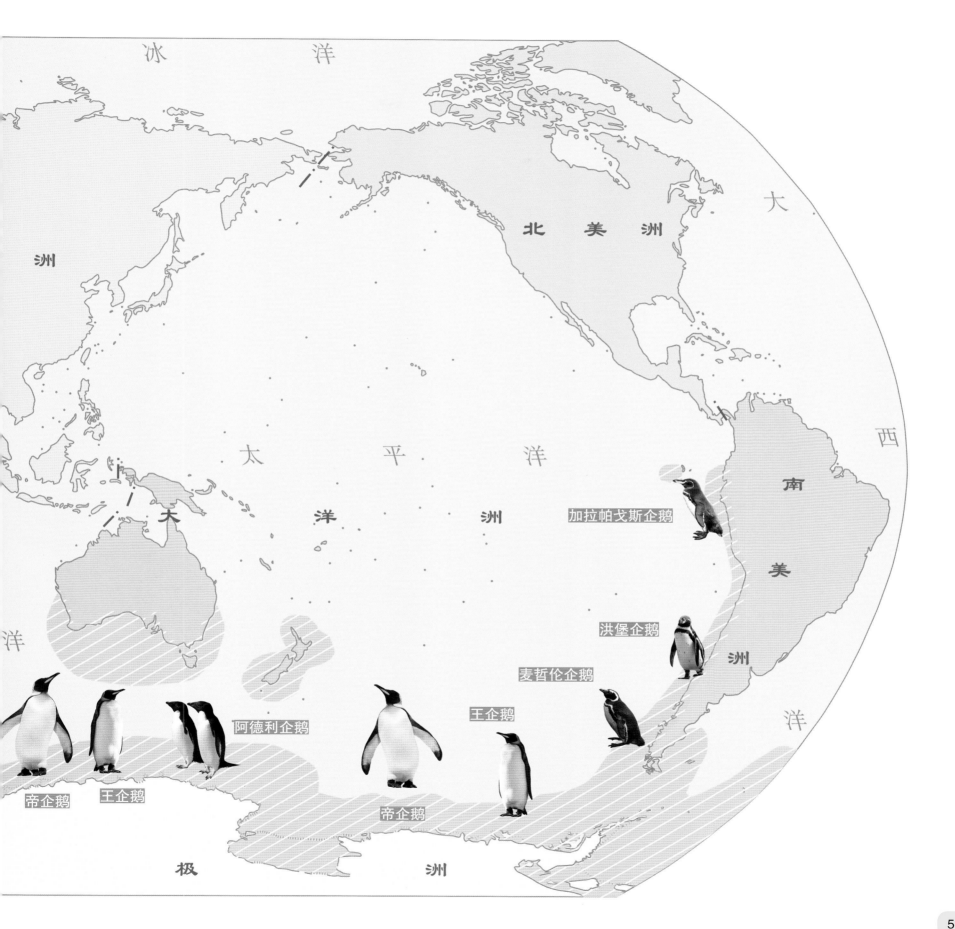

冰　洋

洲

北　美　洲

大

西

太　平　洋

洲

洋

大

洋

加拉帕戈斯企鹅

南

美

洲

洪堡企鹅

洋

麦哲伦企鹅

阿德利企鹅

王企鹅

帝企鹅　王企鹅

帝企鹅

极　　　洲

生活在南极洲沿海和亚南极荒岛的企鹅属于寒带企鹅，其中最著名的是帝企鹅和王企鹅。其他还有巴布亚企鹅、阿德利企鹅、帽带企鹅和浮华企鹅等。它们都是南极企鹅的代表。

本书后面的内容重点介绍南极企鹅。

帝企鹅
平均身高可达 120 厘米，是现今地球上体形最大的企鹅。

王企鹅
身高平均在 90 厘米以上，头颈部色彩艳丽，姿态优雅。

巴布亚企鹅
平均身高约 80 厘米，头顶有标志性的白色斑纹，因此又名白顶企鹅。

比一比。根据个头大小、头部色彩和斑纹来认识和区分这六种南极企鹅。

140cm
十岁男孩

55cm
浮华企鹅

68cm
帽带企鹅

74cm
阿德利企鹅

80cm
巴布亚企鹅

90cm
王企鹅

120cm
帝企鹅

阿德利企鹅

身高 74 厘米左右，头部的毛色很黑，只在眼睛四周有窄窄的白眼圈。

帽带企鹅

身高约 68 厘米，脖子下面有一条像黑色带子一样的条纹。人们也叫它纹颊企鹅。

浮华企鹅

体形较小，身高 55 厘米左右。它们的头顶有一撮金色长冠毛，显得华丽出众，因此又名长冠企鹅。

身体是这样的

南极企鹅能在地球上最冷的南极地带生活，是因为它们进化出了特殊的抗冷防冻的身体结构。南极企鹅全身长满多种保暖效果极好的羽毛，好像穿了一件保暖贴身又防风防水的羽绒服，这是南极企鹅抵御严寒的第一道防线。

企鹅的羽毛

与普通的鸟类不同，南极企鹅的羽毛有多种类型，呈纤细的鳞片状。这些羽毛生长得很紧密，重重叠叠地覆盖在企鹅的身体上。羽毛表面有微孔，可以保存空气，从而隔绝冷气和冰水的入侵，是世界上最优质的防寒防水服。

保养好羽毛，做南极最靓的仔！

企鹅尾部长有尾脂腺，其分泌的油脂是企鹅羽毛最好的保养剂。企鹅会用嘴啄取自身尾脂腺分泌的油脂，把全身羽毛涂抹得油亮光滑。

 企鹅虽然穿着厚实的"羽绒服"，却没有穿"棉靴"。为什么它们光脚走在冰雪上不怕冷呢？

这是因为企鹅脚部的血管构造与众不同，企鹅的血管排列精巧，能为双脚随时提供足够的温暖血液。企鹅的脚部只要维持在 1-2℃ 的温度，就能活动自如，而且能最大限度减少身体热量的损耗。

　　极地海岸边时常聚集着大群帝企鹅，它们圆滚滚的肚皮里储存着满满的抗冻脂肪，这也是企鹅保暖御寒的法宝之一。哪怕气温降到零下 50℃，酷寒也无法攻破南极企鹅的层层保暖防线。

抗冻脂肪

　　动物皮下厚实的脂肪层，既能阻止体表散热，也可隔绝外界冷气入侵，寒冬时节脂肪分解释放的能量还能帮助动物维持正常体温，因此这层脂肪被形象地称为抗冻脂肪。

企鹅是著名的游禽，不会飞，但是它们的身体结构完美适应在海中捕食、游泳和潜水。它们的身体呈鱼雷状，双翅演变为划水用的鳍状肢。有人实测，企鹅中游泳速度最快的巴布亚企鹅游泳时，冲刺时速超过 28 千米，简直像在水里飞行。

双翅的形状好似鱼鳍，是强有力的"划桨"。

鱼雷型的身体在水中受阻力较小。

企鹅是跳水、游泳、潜水"三料"健将。

一双大脚蹼，拨水很给力。

潜水员为了能快速省力地游泳，会戴上人造脚蹼。

企鹅不仅游泳本领高强，还是鸟类中的潜水冠军。企鹅家族曾有潜入水中长达 18 分钟和深潜水下 265 米的纪录，这太惊人了。

与飞鸟中空结构的骨骼不同，企鹅的骨骼坚硬又沉重，而且不含气体，利于它们迅速潜入水下。

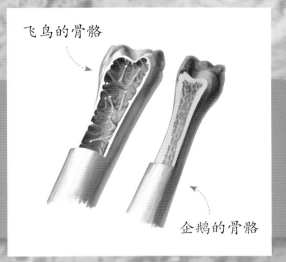

飞鸟的骨骼

企鹅的骨骼

飞鸟的翅膀

企鹅的翅膀

飞鸟的双翅又长又尖，长着发达的飞羽，适于飞行。企鹅的双翅像船桨，适于游泳和潜水。

奇特的生活习性

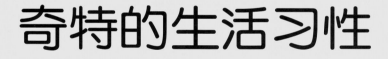

　　南极企鹅的跳水本领高超，能从冰岩上腾空而起，跃入水中，并迅速潜入水底。它们跳入水中，有时是为了捕食鱼虾，有时是嬉戏，有时是为了转移到另一块浮冰上去。

企鹅腹部大，腿儿短，所以它们在陆地上行走时身体左右摇摆，看起来有点儿滑稽。一旦遇上紧急情况，它们便迅速趴在地上并舒展双翅，以浑圆的腹部贴在冰雪上匍匐前进，或借助斜坡快速滑行，看起来像一只只正在飞速前进的冰壶。

当南极海域的磷虾大量繁殖时，数不胜数的磷虾可绵延数千米，甚至会使整片海区变成红色。每年，巨量的南极磷虾，是数以亿计的南极企鹅赖以生存的食物。

南极磷虾

生活在南极海域的一种大磷虾，每只3-5厘米长，2克重。它们集群生活，以浮游植物为食，密度可高达每立方米1万—3万只。

南极企鹅喜欢群居生活。一个企鹅群的成员数量从几百只到上万只不等，有时甚至会有上百万只企鹅集结在一起，组成超级大群。企鹅群以集体的力量与严寒抗争：外围的企鹅用背部阻挡着刺骨的寒风，让里层的同伴保持温暖。每隔一段时间，里层的企鹅便会替换外围的同伴。

一群年龄相仿的王企鹅宝宝簇拥在一起保暖抗寒，中间有一只成年的王企鹅"阿姨"负责照管它们。

帝企鹅养育宝宝

尽管南极的气候条件恶劣，但历经数千万年酷寒磨炼的帝企鹅依然能够完美地适应南极的自然条件，它们不但能在南极地带顽强地生活，还能在严寒中繁殖和哺育新的生命，这是其他鸟类做不到的。

因为刚好遇见你，冰天雪地更美丽！

帝企鹅一年只产一枚蛋，这是一枚重达 500 克的巨蛋。帝企鹅妈妈产蛋时，帝企鹅爸爸专注地守候在一旁，随时准备接管自家的"宝贝蛋"。接管了"宝贝蛋"后，孵蛋的重任就落在帝企鹅爸爸身上了。帝企鹅妈妈则急忙上路，奔向"海洋餐厅"去觅食补养身体。

这可是咱们的"宝贝蛋"哪，你可要照顾好了！

帝企鹅家族的孵蛋任务完全由帝企鹅爸爸承担。它背挡寒风而站，双脚紧靠在一起，用嘴快速将蛋拨到自己足背的厚蹼上，放低温暖的腹部，把"宝贝蛋"严严实实地盖住。帝企鹅爸爸将在接下来长达两个月的时间里，不吃不喝，专心孵蛋。

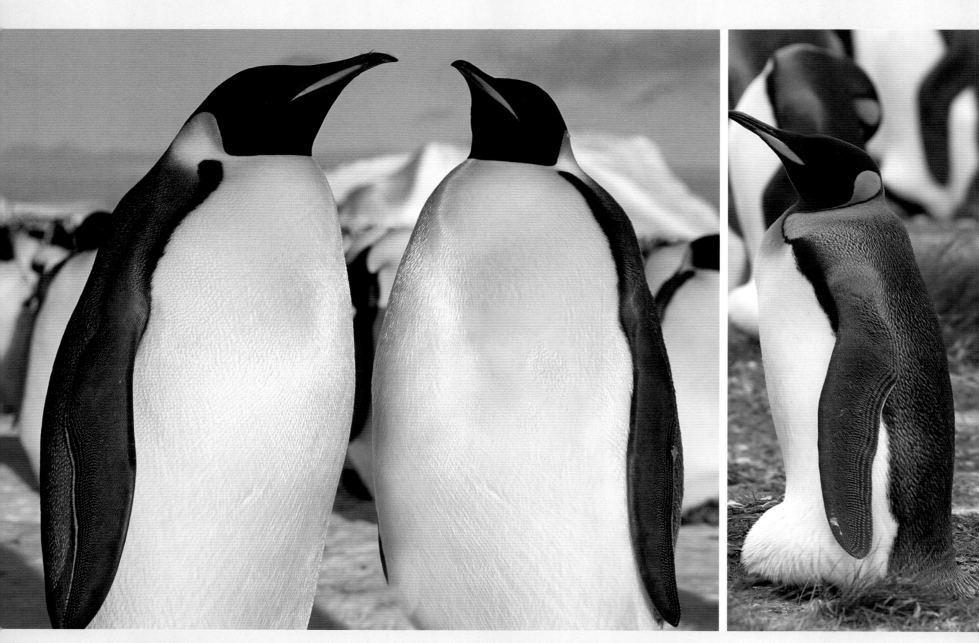

看，帝企鹅爸爸们以同一姿势站立着，它们的肚皮下都藏着一枚"宝贝蛋"。

终于，幼雏出壳了！它的羽毛未丰，企鹅爸爸把它"捧在脚心"，用腹部给予它温暖。2-3周后，小企鹅便能在父母身边走动了。这时，小企鹅毛茸茸的灰色羽衣虽然能御寒，但不能防水，还不能下海。等到夏季来临，小企鹅身上长出了耐寒防水的羽衣，就能下海捕食了。

帝企鹅妈妈们已经在海里吃得饱饱的了，母亲的本能告诉它们，宝宝已经出壳了，正嗷嗷待哺，帝企鹅爸爸也需要补充体能和休息。于是，它们匆匆跃上岸，凭着特有的定位测向本领，准确地找到回家的路，并凭着鸣叫声找到自己的配偶和孩子。

快啊快啊，该回去喂孩子啦！走路不如滑行快！

鸟类的食管后段膨大，称为嗉囊。帝企鹅妈妈就是用嗉囊带回食物的。起初，它从嗉囊里吐出食物喂给宝宝。后来，幼雏把嘴伸进妈妈的嗉囊吃个够。这时，轮到帝企鹅爸爸去海洋补养身体了。

帝企鹅父母既要照顾孩子又要外出觅食,忙不过来该怎么办呢? 聪明的帝企鹅竟然和人类一样,开起了"幼儿园"! 不过呢,照看帝企鹅宝宝们的"阿姨"由帝企鹅妈妈们轮流担任。

一只帝企鹅"阿姨"照管着一群小帝企鹅,其中可能只有一只小企鹅是它的孩子。这样一来,其他帝企鹅妈妈就可以轮流到海里去捕食,并带回更多食物来喂养宝宝。

1-3 月份
成鸟捕食存储脂肪。

4 月份
成鸟迁移到距离海岸 60-120 千米远的繁殖地。

5 月份
雌雄帝企鹅配对，帝企鹅妈妈产下蛋后到海里捕食。

6-7 月份
帝企鹅爸爸孵蛋。

8 月份
帝企鹅幼雏出壳。

9-10 月份
成鸟喂养幼雏。

10-11 月份
幼鸟簇拥在一起取暖。

12 月份
幼雏长大，羽翼丰满，随气温上升、海冰破裂而分散独立生活。成鸟离去。

帝企鹅爸爸去海洋捕食。

帝企鹅妈妈携食物返回。

上图显示了帝企鹅的迁移、繁衍、生长发育与季节的密切关系。这一生命周期世代相传，每年循环往复，生生不息。

 注意

南半球季节与北半球正相反，因此帝企鹅生蛋的季节正逢南极地带的隆冬。

天敌和危机

　　南极企鹅和其他动物一样也有天敌，在海里，它们的天敌主要是生活在寒带海域的海豹、海狮、虎鲸和鲨鱼；在陆地上，大型掠食鸟类如贼鸥、巨鹱等可能袭击捕食企鹅蛋、幼企鹅甚至体形较小的成年企鹅。

快跑啊，张着大嘴的象海豹来了！

偷盗企鹅蛋和幼鸟的惯犯贼鸥来了！企鹅妈妈奋起抵抗，不让贼鸥靠近幼鸟。

虎鲸是海中霸王，身强体壮，牙齿锋利。遭遇虎鲸追捕的企鹅几乎没有生还的机会。

善飞的巨鹱是凶猛的掠食鸟，专对弱小的幼企鹅下手，一旦得逞便腾空飞走。

南极企鹅的生存离不开海洋和海冰。受全球变暖的影响，南极企鹅的栖息地正在加速缩小。气温升高，海冰变薄甚至消失，海平面上升，沿海低地被淹没，这些都给南极企鹅带来了灭顶之灾。

冰山断裂，海冰消融，困在冰上的阿德利企鹅惊恐万分，它们的立足之地正在遭到毁坏。

海洋污染严重，威胁着企鹅的生存。

由于海水温度上升以及人类的过度捕捞，南极磷虾的数量锐减，直接导致企鹅的食物匮乏，许多小企鹅因吃不饱而夭折。

现在，地球上尚生存着上亿只企鹅，自然天敌的捕食不足以对企鹅群体的数量产生影响，全球气候变暖才是对企鹅最大的威胁。保护南极企鹅首先要保护其栖息地——南极海域及海冰。只有减缓全球气候变暖的趋势，才能有效保护南极企鹅。

亲爱的小朋友们，我是科普奶奶林育真，如果你有关于动物生态的问题，找我就对了！

很高兴认识你们！这套《地球不能没有动物》系列科普书是我专门为小朋友创作的"科"字当头的动物科普书，尽力融科学性、知识性和趣味性为一体。

读完这本书，希望你至少记住以下科学知识点：

1. 南极企鹅生活在冰天雪地的南极洲沿海及亚南极荒岛，属于寒带企鹅。

游泳

潜水

跳水

书中有百张震撼高清大图。

全方位展现野生动物世界，配游戏贴纸。

2. 南极企鹅能在地球最冷的地方生活，靠的是特殊的抗冷防冻的身体结构及抱团取暖的群体习性。

3. 海洋是企鹅的食物库。企鹅是跳水、游泳和潜水"三料"健将。企鹅常在海里捕食、嬉水。

4. 每年繁殖季节，南极企鹅要到它们在陆地固定的繁殖场去生儿育女。

5. 全球气候变暖，海水消融，严重威胁南极企鹅的生存。

保护企鹅的任务摆在每一个地球人面前。作为个人，我们可以从点滴做起：爱护地球资源，节约一滴水、一度电、一张纸！人人都应该为遏制气候变暖贡献一分力量，为保护企鹅尽到一份责任。

作为南极地带的"居民"，企鹅和我们人类是地球生物圈里的生命共同体，地球不能没有企鹅！

图书在版编目（CIP）数据

地球不能没有企鹅 / 林育真著. —济南：山东教育出版社，
2020.7
（地球不能没有动物）
ISBN　978-7-5701-0688-2

Ⅰ.①地…　Ⅱ.①林…　Ⅲ.①企鹅目 – 普及读物
Ⅳ.① Q959.7–49

中国版本图书馆 CIP 数据核字（2019）第 148238 号

责任编辑：王　慧　周易之
责任校对：赵一玮
装帧设计：儿童洁　东道书艺图文设计部
内文插图：小 O 快跑　李　勇

地球不能没有企鹅
DIQIU BU NENG MEIYOU QI' E

林育真　著
主管单位：山东出版传媒股份有限公司
出 版 人：刘东杰
出版发行：山东教育出版社
地　　址：济南市纬一路321号　　　邮编：250001
电　　话：（0531）82092660
网　　址：www.sjs.com.cn
印　　刷：山东临沂新华印刷物流集团有限责任公司
版　　次：2020年7月第1版
印　　次：2020年7月第1次印刷
开　　本：889mm×1194mm　1/12
印　　张：3
印　　数：1-8000
字　　数：30千
定　　价：25.00元
审 图 号：GS（2020）3297号
（如印装质量有问题，请与印刷厂联系调换。）
印厂电话: 0539-2925659

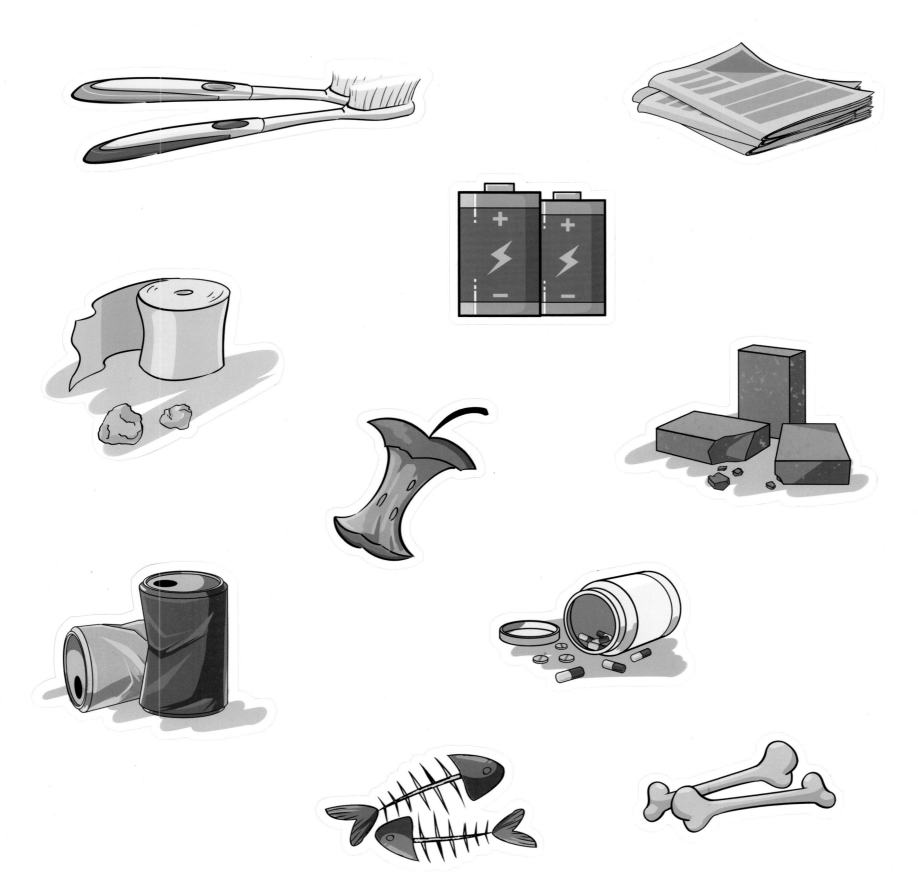